Bibliografische Information der Deutschen Nationalbibliothek:

Die Deutsche Bibliothek verzeichnet diese Publikation in der Deutschen National-
bibliografie; detaillierte bibliografische Daten sind im Internet über http://dnb.d-
nb.de/ abrufbar.

Impressum:

Copyright © 2017 GRIN Verlag
Druck und Bindung: Books on Demand GmbH, Norderstedt Germany
ISBN: 9783668783973

Dieses Buch bei GRIN:

https://www.grin.com/document/437068

Christopher Münch

Tsunamigefahr im europäischen Raum. Eine reale Bedrohung?

GRIN Verlag

1. Vorwort

„Natürlich konnten wir nicht davon laufen"[1],

so beschreibt ein Opfer die gigantische Naturkatastrophe, die sich am 26. Dezember 2004 im Indischen Ozean ereignete und ca. 250.000 Menschen das Leben kostete.

Diese Naturkatastrophe gilt als das schlimmste Ungeheuer von allen, das ganze Landstriche zerstört und unerwartet zuschlägt: der Tsunami.

Das Ereignis in den Küstenregionen von Sri Lanka, Indien, Indonesien und Thailand zeigt der Menschheit, wie grausam eine solche Naturkatastrophe sein kann und beweist mal wieder, dass die Gewalt der Natur dem Menschen eindeutig überlegen ist.

Ohne Vorwarnung traf der Tsunami, der durch ein gewaltiges Seebeben ausgelöst wurde, die Küstenabschnitte der Anrainerstaaten vom Indischen Ozean und hinterließ eine Trümmerwüste im Paradies.

Bis zu diesem Datum brachte man Tsunamis vor allem mit Japan und dem Pazifikraum in Verbindung und sie schienen unendlich weit weg. Doch der Mittelmeerraum ist überraschenderweise auf Platz 2 der tsunamigefährdeten Gebiete und es gab sogar schon mitten in Europa Regionen, die unerwartet von Tsunamis heimgesucht wurden (18. September 1801 Vierwaldstätter See, Zentralschweiz, mehrere Fischerdörfer zerstört – 27. Juni 2011 Südwestengland, Flutwelle).[2]

Diese Facharbeit behandelt die Frage, ob der europäische Raum, insbesondere die Insel La Palma auf den Kanaren ein reales Gefährdungsgebiet für Tsunamis ist und erläutert die Fachbegriffe der Geographie, die Auslöser und zudem die Präventionsmöglichkeiten von derartigen Naturkatastrophen.

---

[1] Haberl, S., Tsunami-Überlebende erzählen, in: http://diepresse.com/home/ausland/welt/4624852/Tsunami-Ueberlebende-erzaehlen_Natuerlich-konnten-wir-nicht Zugriff vom 4.11.2017
[2] Koldau, L. M., Tsunamis, Entstehung, Geschichte, Prävention, München 2013, S. 8.

2. Phänomen Tsunami

2.1 Tsunami - eine Definition

Der Begriff „Tsunami" kommt ursprünglich aus dem Japanischen und besteht aus den beiden Wörtern, „tsu" übersetzt: der Hafen und „nami" die Welle. „Das Wort wurde von japanischen Fischern geprägt, die auf dem offenen Meer während des Fischfangs keine Welle bemerkten, jedoch bei ihrer Rückkehr einen von Wellen zerstörten Hafen vorfanden."[3]

Im Grunde sind Tsunamis eine größere Dimension einer normalen Meereswelle. Sie besitzen einen Wellenkamm und ein Wellental. Sie bestehen nicht aus sich bewegendem Wasser, sondern aus der Bewegung von Energie, die durch das Wasser transportiert wird. Der Unterschied besteht darin, woher diese Energie kommt. Die Energie für normale Meereswellen entsteht durch den ständigen Wind. Weil dieser nur auf die Oberfläche des Meeres trifft, sind diese Wellen begrenzt in Bezug auf Größe und Geschwindigkeit.[4]

Tsunamis hingegen werden verursacht durch Energien, die ihren Ursprung unter Wasser haben. Sie sind folglich gewaltige Wellen, die aufgrund von Erdbeben, Vulkanausbrüchen, Hangrutschen und in den seltensten Fällen auch von Meteoriteneinschlägen verursacht werden.

2.2 Entstehung und Verlauf

Der häufigste Grund für das Ausbrechen eines Tsunamis ist ein Erdbeben, das aufgrund der Bewegung tektonischer Platten hervorgerufen wurde und dabei eine massive Menge an Energie in das Meer ausstößt. Diese Energie steigt bis zur Meeresoberfläche auf, verdrängt das Wasser und hebt es über den normalen Meeresspiegel. Die Erdanziehungskraft zieht sie umgehend wieder nach unten. Dadurch wird ein Teil der Energie horizontal nach außen gestoßen und ist somit der Auslöser einer „Monsterwelle". So entsteht ein Tsunami, der eine Geschwindigkeit von bis zu 800 Kilometern pro Stunde auf hoher See erreichen kann. Doch die Geschwindigkeit hängt von der Wassertiefe ab. So sind die Wellen eines Tsunamis draußen auf dem Meer deutlich schneller und flacher als wenn die Welle die Küste erreicht. Dort wird die Welle durch die niedrige Wassertiefe abgebremst und türmt sich zu einer Riesenwelle, die oft eine Höhe von mehreren Metern erreichen kann. Die Höhe der Welle, wenn sie die Küste erreicht, nennt man Run-Up Höhe.

---

[3] Vgl. Levin, B. W., Nosov, M., Physics of Tsunamis, o.O 2015, S. 2.
[4] Vgl. Ebd., S. 5.

Wenn der Tsunami einen gewissen Abstand zur Küste erreicht hat kann er durch Frühwarnsysteme erkannt werden. Heutige Messinstrumente und Frühwarnsysteme ermöglichen direkt nach dem Erdbeben, die Daten zu analysieren und somit frühzeitig eine Warnung an die Bevölkerung herauszugeben (siehe 4.1).

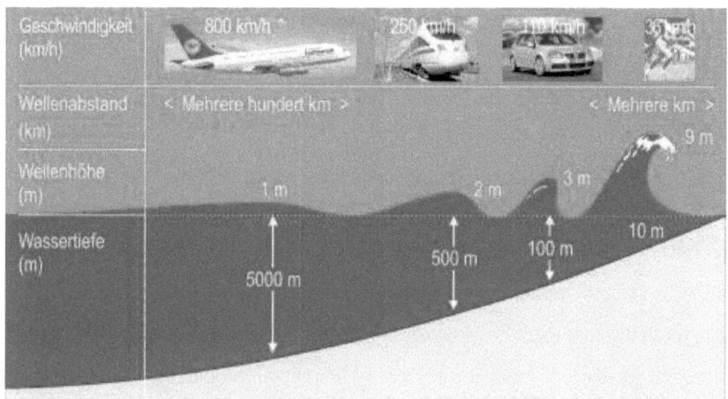

Abb. 1 Höhenprofil und Geschwindigkeitsentwicklung

2.3 Ursachen und Hintergründe

2.3.1 Erdbeben

Der häufigste Grund für das Entstehen eines Tsunamis ist ein starkes Erdbeben unter dem Ozeanboden. Aber nicht alle Erdbeben lösen einen Tsunami aus. „Die Geowissenschaften nennen drei Faktoren für «tsunamigene» Erdbeben:

- Die Magnitude [...] des Bebens erreicht mindestens 7,0.

- Das Zentrum liegt in der Tiefe von weniger als 30 Kilometern unter dem Meeresboden.

- Das Erdbeben erfolgt unter Wasser und führt zu einem vertikalen Versatz des Ozeanbodens [...]. Je größer dabei die Bruchlinie, desto stärker der Tsunami"[5]

---

[5] <u>Koldau, L. M.</u>, Tsunamis, Entstehung, Geschichte, Prävention, München 2013, S. 20.

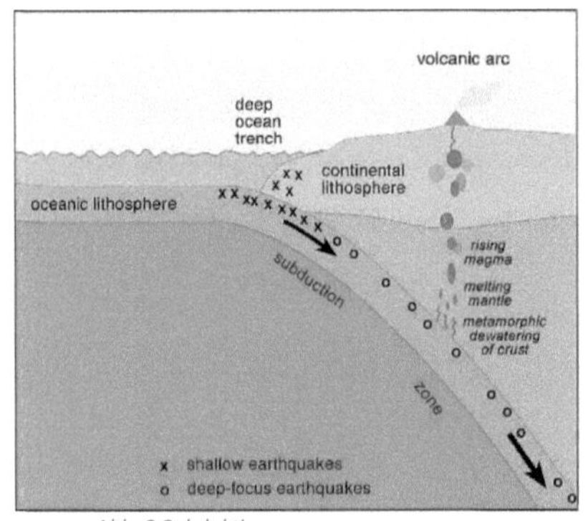

Abb. 2 Subduktionszone

Diese Art von Beben entsteht hauptsächlich mit der Bewegung von tektonischen Platten, in den sogenannten Subduktionszonen. Dabei trifft die Ozeanische Platte von der Lithosphäre mit einer Kontinentalplatte zusammen. Da die Ozeanische Platte eine größere Dichte aufweist, taucht diese beim Zusammenstoß unter die kontinentale Platte und schiebt sich ins Erdinnere ab. Dieser Vorgang wird als Subduktion bezeichnet. Durch das Aufeinandertreffen der beiden Platten können durch Verhakungen Spannungen entstehen, die sich über viele Jahre hinweg aufbauen können und sich letztendlich in einem stärkeren Erdbeben entladen. Diese Energie wird schlagartig frei und überträgt sich von der tektonischen Platte auf das darüberliegende Wasser. Solche Erdbeben treten nicht nur an einem bestimmten Punkt auf, vielmehr kommt es zu langen Bruchlinien, die gewaltige vertikale Verschiebungen am Meeresboden erzeugen. So passierte am 24. Dezember 2004 das Erdbeben, dass den Sumatra-Andaman-Tsunami auslöste, welches sich über eine Fläche von 100.000 Quadratkilometern verteilte.[6]

Zudem kann es häufig passieren, dass im Kontaktbereich der tektonischen Platten sekundäre Störungen entstehen, die von der normalen Hauptverwerfung abweichen und oftmals bis zum Meeresboden reichen. Durch die Störungen erhält der Tsunami von Anfang an eine schwer erkennbare Gestalt, die sich nur schlecht berechnen lässt.[7]

In den seltensten Fällen werden Tsunamis durch Blattverschiebungen verursacht. Dabei schieben sich die Platten nicht untereinander, sondern reiben sich seitlich aneinander entlang, wie das Phänomen bei der San-Andreas Verwerfung in Kalifornien zeigt.

Im Jahre 1987 und 1988 wurden Tsunamis mittels Blattverschiebungen in Alaska ausgelöst.[8]Dennoch verursachen Erdbeben, die durch Subduktion entstehen, die stärksten Tsunamis, wie das Erdbeben vor Chile 1960 oder das Tōhoku-Erdbeben von 2004.

Prinzipiell bedeutet ein unterseeisches Beben nicht gleich das Ausbrechen eines Tsunamis. „Nur 10 bis 20 Prozent der Erdbeben über 6,5 auf der Richterskala verursachen Tsunamis."[9]

---

[6] Vgl. Ebd., S. 20.
[7] Vgl. Ebd.
[8] Vgl. Ebd.
[9] Ebd., S. 8.

2.3.2 Hangrutsche

Eine weitere Ursache zur Entstehung von Tsunamis ist das Abrutschen von großen Gesteinsmaterialien und zählt nach dem Erdbeben zu den häufigsten Auslösern der Riesenwellen. Dabei
sind unterseeische Hangrutschungen hundert- bis tausendmal größer als Hangrutsche an Land
und können mehrere tausend Kubikkilometer Material verschieben, die über eine enorme Fläche hinabrutschen. Bei Hangrutschen über Wasser ist vergleichsweise wenig Gesteinsmaterial
betroffen. In geschlossenen Buchten oder Seen können sie aber trotzdem Megatsunamis auslösen, die in der Region erheblichen Schaden anrichten können.[10]

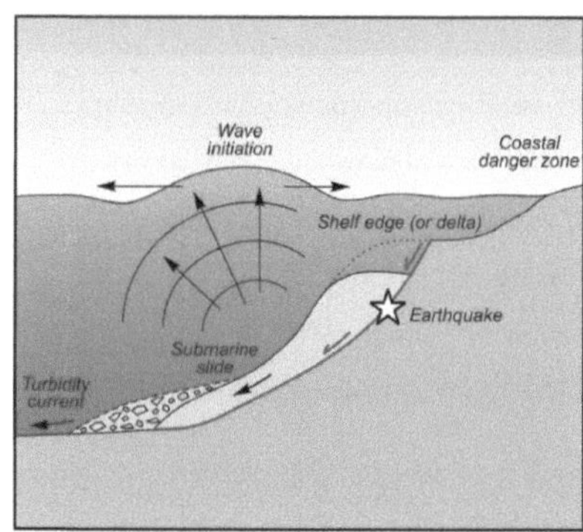

Abb. 3 Hangrutschung durch Erdbeben

Marine Hangrutschungen ereignen sich hauptsächlich an steilen Unterseehängen, in Fjorden und an den Ab-
hängen von Vulkaninseln. Rutschungen können ganze Ökosysteme und die Infrastruktur, beispielsweise
Tiefseekabel, am Meeresgrund zerstören und Tsuna-
mis auslösen. Grundsätzlich werden Hangrutschungen ausgelöst, wenn die Abhänge oder Ablagerungen von Sedimenten zu steil sind und die Hangabtriebskraft die Festigkeit des Materials übersteigt. Über Wasser kann eine Hangrutschung durch Gefrieren oder Schmelzen von Wasser in Felsrissen und durch Regen bzw. Sturm verursacht werden. Unter Wasser spielen zusätzliche Sedimente und das dazugewonnene Gewicht eine Rolle. Ein Erdbeben kann sowohl einen Hangrutsch unter als auch über Wasser auslösen. Es genügt ein schwaches Beben, um die Gesteinsmaterialien in Bewegung zu bringen.[11]

Zudem wird in der Forschung darüber diskutiert, ob es einen Zusammenhang zwischen Gashydraten und unterseeischen Hangrutschen gibt. „Möglicherweise kann durch Abbau von Gashydraten an Unterwasserhängen [...] Material in die Tiefe rutschen. Einige Beobachtungen
weisen [...] darauf hin. So sind im Umfeld der Abrisskanten von Rutschungskörpern fast immer
Spuren von Gas- und Fluidtransport zu erkennen, die [...] aufsteigen."[12] Gashydrate sind eis-
ähnliche Substanzen aus natürlichem Methan und Wasser, die bei bestimmten Temperatur- und
Druckverhältnissen stabil sind. Bei einer Erwärmung des Wassers oder bei Verlust von Druck,

---

[10] Ebd., S. 10.
[11] Ebd., S. 11.
[12] Bohrmann, G., Tsunamis durch Gashydratabbau?, in: http://www.weltderphysik.de/gebiet/technik/ener-
gie/energiequellen/fossile-quellen/methanhydrate/tsunamis-durch-gashydratabbau, Zugriff vom 5.10.2017

der durch das Sinken des Meeresspiegels verursacht wird, schmelzen die Hydrate. Dadurch wird in großer Menge Gas freigesetzt, wodurch weitere Rutschungen möglich sind.[13]

„Auch eine Erwärmung des Meeres könnte fatale Folgen haben. Spekuliert wird hier über eine mögliche Kettenreaktion: Gashydrate schmelzen – die Destabilisierung wird durch Austreten von Gasblasen weiter gefördert – es kommt zu einer Erhitzung der Atmosphäre, wenn viel Methan in die Atmosphäre entweicht – das Wasser wird weiter erwärmt – weitere Gashydrate schmelzen. Eine Kombination aus einem Erdbeben und der Zersetzung von Gashydraten wird z.B. für die Storegga– Rutschung als Auslöser vermutet."[14]

Ein weiterer Auslöser für Hangrutschungen ist das Anwachsen von vulkanischen Inseln. Bei diesen Arten handelt es sich um die höchsten alleinstehenden Berge der Welt. Diese sind durch ihre vulkanische Aktivität von Grund auf instabil. An Vulkaninseln treten Hangrutsche hauptsächlich in Form von Geröll-Lawinen auf, die dann der Auslöser sein können für Tsunamis unterschiedlicher Größe. Auf den kanarischen Inseln sind auf dem Meeresboden riesige Mengen von Gesteinsablagerungen nachweisbar, die aufgrund von Hangrutschen in der Vergangenheit dorthin gelangt sind. Bekanntestes Beispiel hierfür ist der Vulkan Cumbre Vieja auf der Insel La Palma (siehe 2.2), der nach wie vor eine große Gefahr für Europa, Afrika und Amerika darstellt.[15]

„Tsunamis, die durch Hangrutschungen ausgelöst werden haben nahe der Rutschung oft eine starke Auflaufhöhe, verbreiten sich aber weitaus geringer als Tsunamis, die durch Erdbeben entstehen. Dadurch sind es meist lokale Ereignisse. Ihre Stärke wird bestimmt durch das Volumen des abrutschenden Materials, durch die Initialbeschleunigung und die Geschwindigkeit der Rutschung, durch die Länge des Abbruchs und die Mächtigkeit der abrutschenden Schicht."[16]

In der Regel sind Hangrutsche geologische Prozesse, die jedoch auch vom Menschen verursacht werden, wie beispielsweise durch Aufschüttung von Baumaterial oder durch Sprengungen, die folglich Tsunamis auslösen.

„Das bekannteste Beispiel ist der Tsunami, der am 16.Oktober 1979 einen Küstenstrich von rund 30 Kilometern an der Riviera traf. Er entstand durch eine unterseeische Hangrutschung am Flughafen von Nizza, der ins Meer gebaut ist. Hier hatte man […] den Flughafen durch eine Aufschüttung von über 190 Hektar Land bis zu 300 Meter hinaus aufs Meer erweitert […] Durch tagelange Regenfälle wurde die Stabilität des sich langsam abwärts bewegenden Hanges […] verringert – und am 16.Oktober stürzte der gesamte aufgeschüttete Bereich bis in eine

---

[13] Ebd.
[14] <u>Koldau</u>, Tsunamis, S. 25.
[15] Ebd., S. 26.
[16] Ebd., S. 27.

Tiefe von über 2000 Metern ab. Insgesamt 5 Millionen Kubikmeter Material lösten eine Tsunamiwelle aus, die Nizzas Nachbarort Antibes mit Wellen von 3 Metern Höhe traf. Hier starben mehrere Menschen; der Hafenbereich wurde verwüstet."[17]

In den häufigsten Fällen verbinden sich Hangrutschungen mit Erdbeben und erzeugen einen Tsunami, dessen hohe Auflaufhöhe bei relativ geringer Erdbebenstärke durch Folgen des Hangrutsches erklärbar ist. Bei einer solchen Abfolge zweier Naturkatastrophen ist die Magnitude des Erdbebens so gering, dass es kaum einen Tsunami auslöst. Stattdessen verursachen die Vibrationen einen Erdrutsch, der in manchen Fällen einen Tsunami auslöst. „In Papua-Neuguinea etwa löschten am 17. Juli 1998 nach einem Erdbeben von relativ geringer Stärke drei jeweils mehr als sieben Meter hohe Tsunamiwellen mehrere Dörfer aus. Das Erdbeben selbst hätte kaum einen Tsunami erzeugt. Es löste jedoch eine unterseeische Rutschung aus, durch die dieser starke lokale Tsunami entstand."[18]

2.3.3 Vulkanismus16

Eher selten werden Tsunamis durch Vulkanausbrüche ausgelöst, doch bei einer Vulkan-Katastrophe sind die Folgen besonders verheerend. Hierbei spielen eine ganze Reihe von Faktoren eine Rolle, die eine Tsunamikatastrophe verursachen können.

Zunächst ist die Eruption an sich eine Gefahr, denn wenn sie unterseeisch geschieht, so trifft Magma mit einer Temperatur zwischen 700 und 1250 °C auf das Wasser. Daraufhin entsteht eine gigantische Dampfexplosion, die eine große Menge an Wasser verdrängt und somit einen Tsunami auslöst.[19] Genauso können über Wasser Vulkanausbrüche Druckwellen sowie vulkanische Hangrutsche Tsunamis verursachen.

Ein weiterer Faktor sind pyroklastische Ströme. Sie sind eine Mischung aus heißen Gasen, Gestein und Asche und „können ohne Probleme eine Geschwindigkeit von 400 km/h erreichen (es gibt sogar Hinweise auf deutlich höhere Geschwindigkeiten, der initiale pyroklastische Strom des Mt. St. Helens soll 1980 sogar 1080 km/h erreicht haben) und haben im Inneren eine Temperatur, die […] zwischen 300 und 800°C liegt. Was immer sich diesen Wolken in den Weg stellt, ob Lebewesen oder Gebäude, wird dem Erdboden gleichgemacht […]. Und auch von

---

[17] Ebd., S. 27.
[18] Ebd., S. 28.
[19] Vgl. Schneider, F., Terra X, Ein Fall für Lesch und Steffens, Die Wellenbrecher, Deutschland 2017, TC: 00:18:05-00:18:38.

Wasser lässt sich dieser Strom nicht aufhalten, wie Beispiele vom Ausbruch des Krakatau 1883 gezeigt haben. Vielmehr würden größere mengen(sic!) heißer vulkanischer Gesteine in das Wasser gelangen und einen Tsunami auslösen."[20]

„Manche Ausbrüche verbinden sich auch mit Erdbeben und erhöhen somit die Tsunamigefahr. Große Wassermassen geraten zudem in Bewegung, wenn ein Inselvulkan nach dem Ausbruch durch die Entleerung der Magmakammer unterhalb des Vulkankegels in sich zusammenstürzt und ein großer Einsturztrichter – Caldera – entsteht. Das Wasser «fällt» mit großer Geschwindigkeit in den neu entstandenen Krater hinab: Auch hier kann diese «impulsive» Bewegung von Wassermassen, verbunden mit Wasserexplosionen, Tsunamis auslösen, die an umliegenden Ufern weitere Verheerungen anrichten – ein Szenario, das sich vermutlich beim Ausbruch des Santorin-Vulkans vor rund 3600 Jahren abspielte."[21]

In der Vergangenheit wurden die zerstörerischsten Tsunamis durch pyroklastische Ströme und vulkanische Hangrutschungen ausgelöst. Dabei fielen die meisten Menschen nicht dem Ausbruch zum Opfer, sondern den darauffolgenden Tsunamiwellen. Das gravierendste Beispiel hierfür ist der Krakatau-Ausbruch, bei dem nach mehreren Explosionen pyroklastische Ströme einen Tsunami verursachten, der die Städte Telukbetung und Anyer komplett auslöschte.[22]

2.3.4 Meteoriteneinschläge

 Sie sind zwar nicht häufig die Ursache von Tsunamis, aber wenn ein Meteorit auf die Erde einschlägt, hat das fatale Folgen für die Menschheit.

Ein Einschlag eines großen Meteoriten kann einen vertikalen Impuls auf die Wassersäule auslösen und nicht wie beim unterseeischen Erdbeben von unten, sondern von oben einen Tsunami bewirken.[23] „Aufgrund der enormen kinetischen Energie, die ein Meteoriteneinschlag freisetzt, würde hier Wasser kilometerhoch in die Atmosphäre geschleudert. In der Forschung wird dies *splash tsunami* genannt, ein plötzlicher Wasserschwall, der durch den Einschlag einer großen Materialmasse in den Ozean in die Höhe

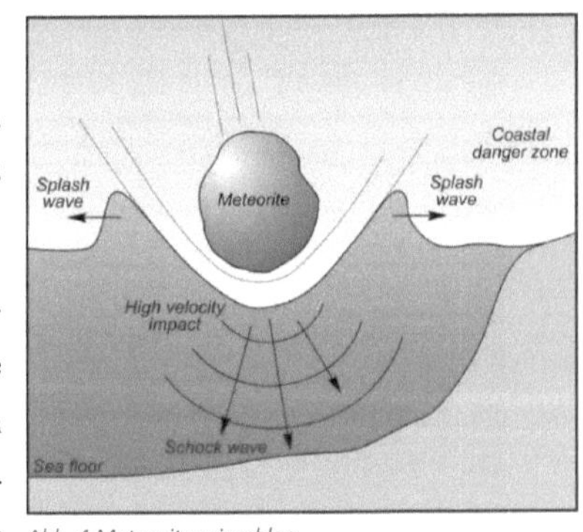

Abb. 4 Meteoriteneinschlag

---

[20] Ries, G., Hier geht es heiß her –Pyroklastische Ströme, in: https://scilogs.spektrum.de/mente-et-malleo/hier-geht-es-hei-her-pyroklastische-str-me/ Zugriff vom 20.10.2017
[21] Koldau, Tsunamis, S. 30.
[22] Vgl. Szeglat, M., Kakatau – Chronik der Katastrophe von 1883, in: http://www.vulkane.net/vulkane/krakatau/krakatau-1883-katastrophe.html Zugriff vom 20.10.2017
[23] Koldau, Tsunamis, S. 31.

schwappt. Diese gewaltige Verdrängung von Wasser löst anschließend eine Serie von Tsunamiwellen aus, die sich im freien Ozean vom Ausgangspunkt ringförmig nach außen bewegen – wie die kleinen Wellen, die entstehen, wenn man einen Kieselstein ins Wasser wirft."[24]

„Statistischen Berechnungen zufolge müssten seit dem Karbon-Zeitalter mindestens 210 Meteoriten in die Ozeane eingeschlagen sein […]. Der bekannteste(sic!) ist der Chicxulub-Meteorit: Anhand von Sedimentschichten in den südlichen USA wurde nachgewiesen, dass vor rund 65 Millionen Jahren ein Meteorit von etwa 10 bis 15 Kilometern Durchmesser in den Golf von Mexiko einschlug […]. Man geht davon aus, dass dieser Einschlag entscheidend zum Aussterben der Dinosaurier beigetragen hat."[25]

2.4 Gefährdete Gebiete im europäischen Raum

Nicht nur die Länder der Pazifikküste sind von Tsunamis betroffen. Auch an den Küsten des Mittelmeeres oder den Kanaren treten Tsunamis auf, wenn auch deutlich weniger. „Da die Afrikanische Platte sich nach Norden unter die Eurasische Platte schiebt, können durch Erdbeben im Mittelmeer ebenfalls Tsunamis entstehen."[26]

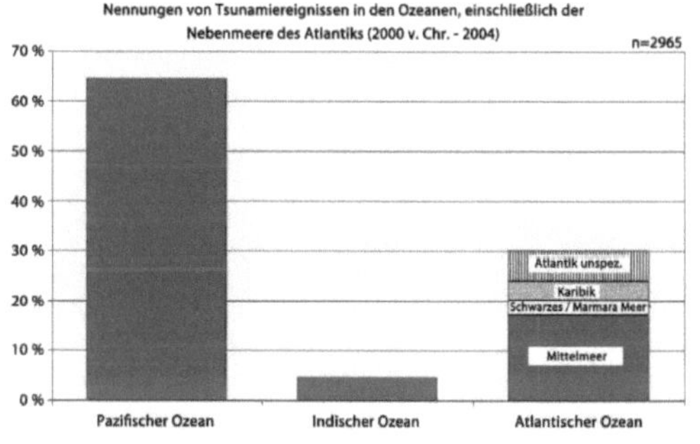

Abb. 5 Verteilung der Tsunamiereignisse auf die Weltmeere

Etwa 16 Prozent aller Tsunamis weltweit ereignen sich im Mittelmeer. Davon sind Griechenland und Süditalien besonders betroffen, vereinzelnd auch Spanien und Portugal. So traf es beispielsweise am 28.12.1908 Messina in Italien. Nach einem heftigen Erdbeben überschwemmte ein Tsunami die Stadt und forderte tausende Todesopfer. „Die bronzezeitliche Explosion des Vulkans Thera auf der Insel Santorin löste Tsunamis aus, die wahrscheinlich den Untergang der minoischen Kultur auf Kreta einläuteten. 2002 ver-

---

[24] Ebd. S. 32.
[25] Ebd.
[26] A3m Mobile Personal Protection GmbH (Hg.), Vorkommen von Tsunamis im Mittelmeer, in: http://www.tsunami-alarm-system.com/phaenomen-tsunami/vorkommen-mittelmeer.html Zugriff vom 20.10.2017

ursachte ein Hangrutsch am Vulkan Stromboli eine kleine Flutwelle, welche die Uferpromenade auf der Insel zerstörte. Auf der beliebten Urlaubsinsel La Palma droht die komplette Flanke eines Vulkans abzurutschen."[27] Das sind nur wenige Beispiele. Alleine im Mittelmeerraum gab es bis heute 42 Tsunamiereignisse, bei denen die Ereignisse von den Kanaren noch nicht mitgezählt sind.[28]

3. Gefahrenzone Insel La Palma

Einzigartige Vulkanlandschaften, schwarze Sandstrände und farbenfrohe Wasserfälle sind ein kleiner Bestandteil der La Isla Bonita, die schöne Insel.[29] Doch die Idylle trügt, denn plötzlich könnte sich die Insel schlagartig zu dem gefährlichsten Ort der Welt verwandeln. Laut Forschern droht die Westflanke des Cumbre-Vieja-Vulkans auf La Palma wegzurutschen.[30]

Abb. 6 Zeichnung La Palmas

3.1 Geographische Gegebenheiten

Die Insel La Palma entstand vor etwa zwei Millionen Jahren und gehört zu der Inselgruppe der Kanaren, welche sich im Pazifischen Ozean, westlich von Marokko befindet. Sie liegt an der Grenze des Ozeanbodens zur Afrikanischen Kontinentalplatte, direkt über einem Hot Spot, über den das heiße Gestein vom Erdinneren an die Oberfläche gelangt.[31] Sie ist mit 708 km² die fünftgrößte Insel der 7 Hauptinseln von der Kanarengruppe.[32] Von Nord bis Süd beträgt die Länge der Insel 47 Kilometer und die Breite 28 Kilometer. „Außer dem ältesten und größten Vulkankessel La Palmas, der Caldera

Abb. 7 Wanderweg am Caldera de Taburiente

---

[27] Szeglat, M., Tsunamis: Flutkatastrophen durch Erdbeben, in: http://www.vulkane.net/earthview/tsunamis.html Zugriff vom 2.11.2017

[28] Vgl. A3m Mobile Personal Protection GmbH, Mittelmeer

[29] Vgl. Janke, E., La Palma – La Isla Bonita, in: https://www.lapalma.de/ueber-la-palma Zugriff vom 2.11.2017

[30] Vgl. Dambeck, H., Tsunamis lauern überall, in: http://www.spiegel.de/wissenschaft/natur/monsterwellen-tsunamis-lauern-ueberall-a-334633.html Zugriff vom 2.11.2017

[31] Vgl. Janke, E., La Palma – Geografie, in: https://www.lapalma.de/geografie Zugriff vom 2.11.2017

[32] Vgl. Horch, V., La Palma allgemeine Infos, in: http://www.la-palma24.net/la-palma-info/de/informationen/info_allgemein Zugriff vom 2.11.2017

de Taburiente im Norden, ragen heute weit über 100 Vulkangipfel aus der Insel empor. Und am Teneguía an der Südspitze rumort es weiter. Die im Durchmesser neun Kilometer breite und ungefähr 2.000 Meter tiefe Caldera de Taburiente ist nicht, wie lange Zeit vermutet, durch Einsturz entstanden, sondern durch Erosion. Vermutlich besteht sie auch nicht aus dem Krater eines einzigen Vulkans, sondern stammt aus unterschiedlichen Perioden. La Palma wuchs immer weiter nach Süden. So entstanden die Vulkane der Cumbre Nueva und Cumbre Vieja."[33] Los Llanos de Aridane ist mit etwa 22.000 Einwohnern die größte Stadt von La Palma. Insgesamt leben auf der kleinen Insel über 90.000 Einwohner, die sich auf die 14 Gemeinden La Palmas verteilen. „Die Kanaren sind eine autonome Region Spaniens, die aus zwei Provinzen besteht. La Palma ist Teil der Provinz Santa Cruz de Tenerife, zu der auch Gomera, El Hierro und natürlich Teneriffa gehören."[34]

3.2 Gefahrenlage

Die kanarische Insel La Palma gerät immer mehr in den Fokus der Forscher, da das Risiko auf einen Hangrutsch immer mehr zunimmt. Laut den Forschern Steven Ward vom Institute of Geophysics and Planetary Physics und seinem Kollegen Simon Day vom Benfield Greig Hazard Research Centre, entstand nach dem letzten großen Ausbruch des Cumbre Vieja im Jahr 1949 ein gigantischer Riss, welcher heute durch die ganze Westflanke der Vulkankette verläuft. Day behauptet ebenfalls, dass sich der Riss auch im Vulkan

Abb. 8 Simulation eines möglichen Erdrutsches am Cumbre Vieja, La Palma

weiter fortsetzt. Bei einer weiteren Eruption würde die ganze Westflanke der Vulkankette ins Meer abrutschen und einen Mega-Tsunami auslösen.[35]

Ein Mega-Tsunami oder in der Wissenschaft auch oft Impact-Tsunami genannt, ist um ein Vielfaches größer und gefährlicher als übliche Tsunamis. Normale Tsunamis werden hauptsächlich durch Erdbeben oder unterseeische Hangrutsche verursacht, dagegen werden Impact-Tsunamis

---

[33] Janke, Geografie
[34] Ebd.
[35] Vgl. Kroger, H., Mega-Tsunamis bedrohen Amerika, in: https://www.welt.de/print-welt/article379708/Mega-Tsunamis-bedrohen-Amerika.html Zugriff vom 2.11.2017

durch gewaltige Erdrutsche, Vulkanausbrüche oder Asteroiden hervorgerufen. Wenn von einem Mega-Tsunami die Rede ist, übersteigt die „splash-up" Höhe von 91 Metern (300 feet), was nicht mit der „run-up" Höhe beim Auftreffen auf die Küste verwechselt werden darf.[36] So entstand am 9. Juli 1958 in der Lituya Bay (Alaksa) ein Mega-Tsunami, dessen splash-up Höhe 525 Meter betrug. Der Tsunami riss tausende Bäume aus dem Boden bis er schließlich die Bucht verließ.[37] Ein solches Szenario wäre ebenfalls auf La Palma denkbar, doch die Folgen wären um ein Vielfaches katastrophaler (siehe 3.3).

Doch in Forscherkreisen gibt es immer wieder Unstimmigkeiten. Die britischen Forscher Doug Masson und Russell Wynn vom Zentrum für Ozeanographie bestreiten nämlich, dass der Hang in einem Stück abrutscht. Ihrer Meinung nach wird der Felsblock in viele kleinere Teile zerbrechen und der anschließende Tsunami wesentlich geringer sein als Ward und Day behaupten. Aus Erfahrungen der letzten 150 Jahre kann man aber deuten, dass der Felsblock nicht zersplittert. „Genau das passierte zum Beispiel 1980, als der Mount St. Helens südlich von Seattle im US-Bundesstaat Washington ausbrach. Und es gibt andere Beispiele. Auf einer Nachbarinsel von La Palma ist bei einem Vulkanausbruch ebenfalls ein riesiger geschlossener Block losgebrochen, 300 Meter abgerutscht und dann liegen geblieben. Dieser Block ist zudem mit so rasender Geschwindigkeit abgerutscht, dass das Geröll unter ihm augenscheinlich geschmolzen ist."[38]

Eine weitere Unstimmigkeit ist, *wann* das Ereignis passieren wird. Dem Forscher Day zufolge soll in naher Zukunft der Vulkan nicht ausbrechen und somit die Westflanke auch nicht wegrutschen. „Doch in den nächsten 100 bis 500 Jahren könnte der Cumbre Vieja lebendig werden, und dann besteht im Atlantik Mega-Tsunami-Gefahr."[39]

Um das Potenzial eines solches Erdrutsches zu sehen, haben beide Forscher eine Simulation entwickelt, die zeigen soll, wann und wie hoch die Wellen wo eintreffen. Sie simulierten einen 500 km^3 Gesteinsblock, der 25 km lang, 15 km breit und 1400 m dick ist, wenn er die Insel La Palma verlässt.[40] Prof. Dr. Jörn Behrens übt jedoch Kritik an dieser Simulation. Er ist Leiter der Arbeitsgruppe für Nummerische Methoden in den Geowissenschaften und berechnet und

---

[36] Vgl. <u>Virtuasoft Corp.(Hg.)</u>, Mega Tsunami: Wave of Destruction, in: http://www.sms-tsunami-warning.com/pages/mega-tsunami-wave-of-destruction#.Wf711NfiaUl Zugriff vom 3.11.2017
[37] Vgl. Ebd.
[38] <u>Henkel, I.</u>, „Tsunami vor den Toren Europas", in: http://www.focus.de/wissen/natur/forschung-und-technik-tsunami-vor-den-toren-europas_aid_211489.html Zugriff vom 3.11.2017
[39] <u>Kroger</u>, Mega-Tsunami
[40] Vgl. <u>Ward, S. N., Day, S.</u>, Cumbre Vieja Volcano – Potential collapse and tsunami at La Palma, Canary Island, in: http://onlinelibrary.wiley.com/doi/10.1029/2001GL013110/epdf Zugriff vom 3.11.2017

entwickelt mit seinem Team hochkomplexe Simulationen für Überflutungen und Tsunamiwellen. Seiner Meinung nach wurde bei der Erstellung des simulierten Hangrutsches eindeutig übertrieben. In einer internen Studie des ASTARTE Projektes, auf welches sich Behrens bezieht, haben die größten Hangrutsche auf den Kanaren eine Größenordnung von etwa 100 km^2, also einem Fünftel des von Ward angenommenen Volumens in der Simulation.[41] Deswegen wäre der Tsunami wesentlich kleiner als in der Simulation angenommen.

3.3 Globale Auswirkungen

Laut dem im Jahr 2001 veröffentlichten Forschungsbericht von Ward und Day entsteht innerhalb von zwei Minuten nach dem Erdrutsch eine Welle, die die Forscher auf eine Höhe bis 900 m schätzen. Nach dem Auftreffen des Gesteinsblocks in das Wasser treffen minütlich Riesenwellen auf die benachbarten Kanareninseln (siehe Abb. 9). Nach etwa einer Stunde haben die Wellen Afrika erreicht und schlagen dort mit einer Höhe von bis zu 126 m auf. In Portugal und Spanien

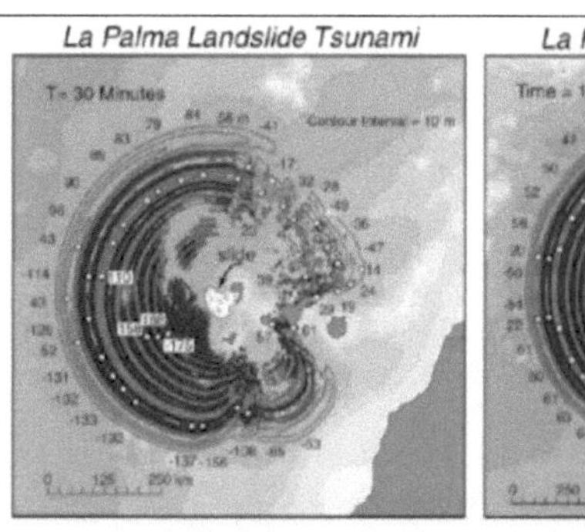

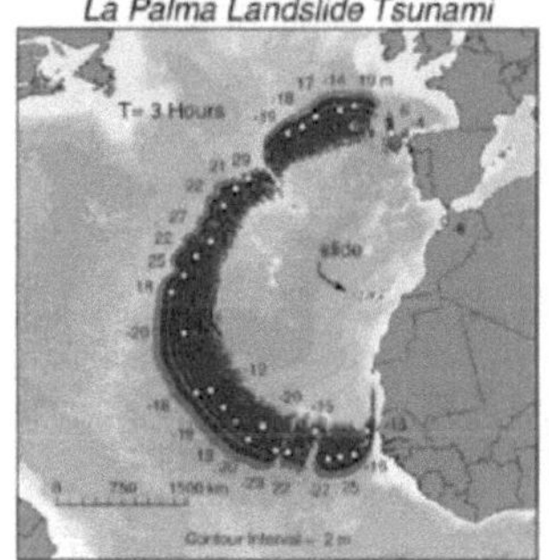

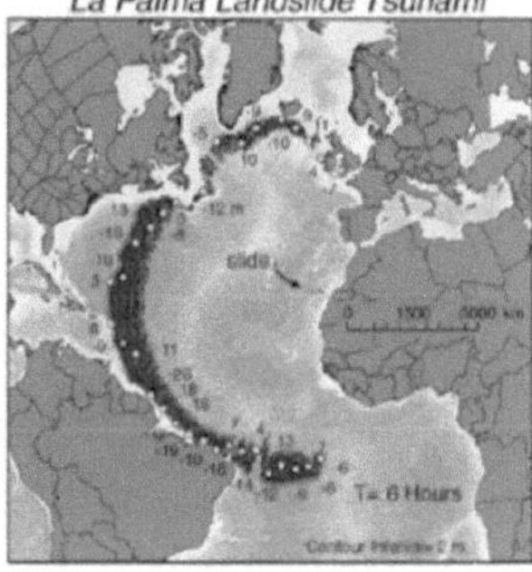

Abb. 9 Zeitlicher Verlauf des Mega-Tsunamis von La Palma

erreichen die Wellen immer noch eine Höhe von 4 m. Die durch den Hangrutsch ausgelösten Riesenwellen erreichen dabei die Grenze der Schallgeschwindigkeit und bewegen sich Richtung amerikanisches Festland.[42] Riesenwellen mit einer Höhe im Zehnerbereich erreichen nach sechs Stunden Südamerika und weitere drei Stunden später Florida in den USA. Dort entstehen Run-Up Höhen von bis zu 30 m.[43]

---

[41] Vgl. Behrens, J., Interview
[42] Vgl. Kirchhoff, F., Droht ein La Palma Tsunami?, in: http://www.la-palma-zentrale.de/informationen/la-palma-mega-tsunami.php Zugriff vom 3.11.2017
[43] Ebd.

Alle möglichen Folgen eines Tsunamis auf La Palma wurden mathematisch berechnet und in verschiedenen Laboren als Modell dargestellt. Ein solches Szenario würde zu einem unvorstellbaren Menschenelend in den überflutenden Gebieten führen, bei dem höchstwahrscheinlich Millionen von Menschen sterben würden. Ebenfalls würde ein wirtschaftlicher Schaden von 2,5 bis 3,5 Billionen Euro entstehen.[44] Doch das sind alles Theorien von Ward und Day. Niemand kann Naturkatastrophen genau vorhersagen, vor allem nicht die Auswirkungen, die die Menschheit zu spüren bekommt.

4. Schutz und Schadensbegrenzung

„Tsunamis gehören aufgrund ihrer Entstehungsmechanismen zu den am schwersten vorhersagbaren Naturgewalten. Gleichzeitig sind sie jedoch auch mit einer geringen Eintrittswahrscheinlichkeit verbunden. Hinsichtlich ihrer Intensität sind Tsunamis kaum zu kontrollieren und ihre Auswirkungen sind schwer abzuschwächen. Daher stellt die Auswahl von geeigneten Tsunamischutzmaßnahmen immer einen Kompromiss zwischen der Wirtschaftlichkeit und dem Grad des Gefährdungslevels dar. Potentielle Lösungen müssen an die jeweiligen geografischen und sozialen Bedingungen angepasst werden."[45]

4.1 Einsatz Frühwarnsysteme (TEWS)

„Das Tsunami-Early-Warning-System (TEWS) ist ein komplexer, hochinnovativer Technologiemix, bestehend aus Seismometern, Global-Positioning-System (GPS) Stationen, Hochseebojen, Wasserstandspegeln und Satelliten-Überwachung [(siehe Abb. 1)]. Zu Beginn des Jahres 2005 erklärte die Republik Indonesien ihr Interesse an einer engen Zusammenarbeit mit Deutschland in der TEWS-Entwicklung. Da Indonesien sich in der Nähe eines Gebietes mit höchster seismischer Aktivität befindet, ist es der mit Abstand am meisten gefährdete Anrainerstaat des Indischen Ozeans. Das deutsche und das indonesische Forschungsministerium unterzeichneten am 14. März 2005 eine gemeinsame Erklärung zum Aufbau des TEWS und der hierzu benötigten personellen und institutionellen Kapazitäten in den indonesischen Behörden und Organisationen.

---

[44] Vgl. Danders, M., Abgründe auf La Palma: Der Mega-Tsunami, o.O 2014, S. 9.
[45] Vgl. Strusińska–Correia, A., Tsunami – eine beherrschbare Gefahr?, in: https://www.wissenschafts-jahr.de/2016-17/aktuelles/das-sagen-die-experten/tsunami-eine-beherrschbare-gefahr.html Zugriff vom 29.10.2017

Das deutsch-indonesische Frühwarnsystem ist ein offenes System. Es wird in das umfassende regionale Frühwarnsystem für den Indischen Ozean (Indian Ocean Tsunami Warning System, IOTWS) integriert werden, dessen Aufbau von der IOC [(Intergovernmental Oceanographic Commission)] der UNESCO [(United Nations Educational, Scientific and Cultural Organization)] koordiniert wird.

Das deutsch-indonesische TEWS entspricht höchsten Qualitätsstandards:

- schnellstmögliche und detaillierte Erstellung von Tsunami-Warnungen, einschließlich der zu erwartenden Schäden;

- hohe Verlässlichkeit der Warnungen und Robustheit;

offener Zugang zu allen Daten und klar beschriebene Schnittstellen."[46]

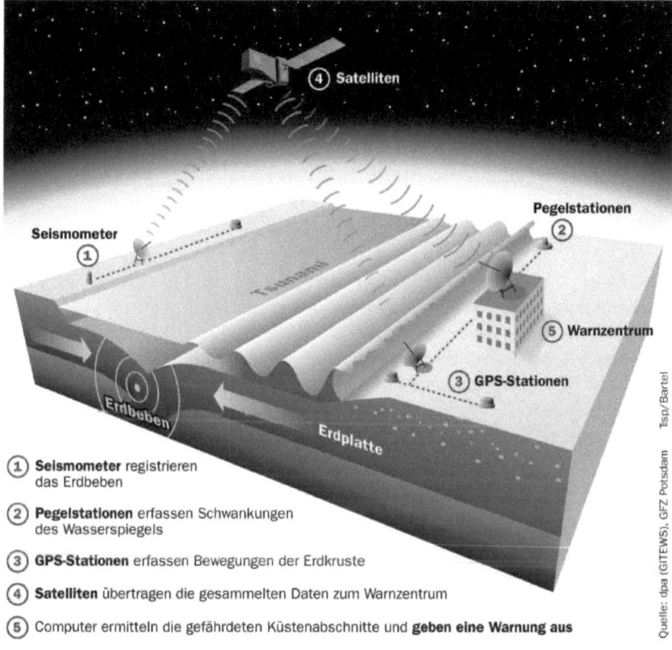

Abb. 10 So entsteht eine Warnung anhand des Frühwarnsystems GITEWS mit den dazugehörigen Messinstrumenten.

---

[46] Möller, L., Ein Tsunami-Frühwarnsystem für den Indischen Ozean, Ein gemeinsames Projekt von Deutschland und Indonesien, in: https://www.unesco.de/wissenschaft/bis-2009/uho-0306-iotws.html Zugriff vom 29.10.2017

Diese hohen Standards erlauben es, die gesammelten Daten von Instrumenten, die von anderen Institutionen betrieben werden, mit einzubeziehen, um eine detaillierte Analyse für ein bestimmtes Gebiet zu erstellen. Ebenfalls besteht die Möglichkeit, dass andere Staaten auf das System zugreifen, um rechtzeitige Evakuierungsmaßnahmen im eigenen Land durchführen zu können.

Ausschlaggebend zum Errichten eines solchen Systems war die Katastrophe 2004 und die zukünftige Gefährdung Indonesiens durch weitere Katastrophen.

Dabei ähnelt das TEWS dem Pacific-Tsunami-Warning-Center (PTWC), welches seit 1968 für Warnungen vor Flutwellen im Pazifischen Ozean zuständig ist.[47] Von diesem Projekt sollte aber nicht nur der Indische Ozean profitieren. Deswegen etablierte „Ende Juni 2005 [...] die 23. Generalversammlung der IOC formell die Zwischenstaatliche Koordinierungsgruppe für das Warn- und Schadenminderungssystem gegen Tsunamis im Indischen Ozean (Intergovernmental Coordination Group for the Indian Ocean Tsunami Warning and Mitigation System, ICG/IOTWS). Während der 33. Generalkonferenz der UNESCO im Oktober 2005 wurde der Prozess des Aufbaus eines weltweiten Frühwarnsystems auf hoher politischer Ebene nachdrücklich begrüßt.“[48]

Das Vorhaben trägt den Namen „Tsunami Early Warning and Mitigation System in the North-eastern Atlantic, the Mediterranean and connected seas", kurz NEAMTWS. Jedoch stößt das System im europäischen Raum an seine Grenzen. „2011 hätte das System fertig sein sollen, stattdessen arbeiten die Experten noch immer an mehreren Baustellen. Das beginnt mit einem effektiven Messnetz, mit dem gefährliche Wellen schnell erkannt werden, und reicht bis zur „letzten Meile": der Frage, wie Tausende Menschen im Ernstfall schnell informiert und evakuiert werden. Im November gab es einen ersten europaweiten Test. Beobachtern zufolge waren die Ergebnisse überwiegend positiv, allerdings wurden nicht alle Glieder der Informationskette aktiviert, sondern nur die Schnittstellen der Behörden. Wie nahe die Übung der Realität kam, darüber lässt sich streiten.

Nach Meinung von Experten schafft NEAMTWS in vielerlei Hinsicht nicht das, was das Tsunami-Warnsystem im Indischen Ozean leistet, dass unter maßgeblicher Beteiligung Deutschlands aufgebaut wurde. Während in Thailand oder Indonesien regelmäßig an den Küsten Übungen stattfinden und örtliche Behörden auf modernste Geräte zurückgreifen kön-

---

[47] Vgl. Prof. Dr. Bormann, P., Infoblatt, Tsunami, in: http://bib.gfz-potsdam.de/pub/m/infoblatt_tsunami.pdf Zugriff vom 28.10.2017, S. 10.
[48] Möller, Tsunami-Frühwarnsystem

nen, ist man sich im Süden Europas Berichten zufolge nicht ganz einig, ob Tsunamiwarnungen in Touristenhochburgen nur in der Landessprache oder doch in mehreren Idiomen ausgegeben werden – um nur ein Beispiel zu nennen."[49]

Ebenfalls kommt hinzu, dass das Mittelmeer im Vergleich zum Indischen Ozean klein ist und somit Flutwellen schnell die Küste erreichen. Das bedeutet auch, dass es gibt weniger Zeit für eine Warnung gibt.

4.2 Bauliche Schutzmaßnahmen

In den letzten 150 Jahren wurden insbesondere in Japan bauliche Strukturen entwickelt, da diese Region häufig von Tsunamis geplagt ist. Sie wurden gebaut, um Tsunamis abzuwehren oder ihre Wirkung zu mildern. Die Bebauungen beinhalten Mauern, Dämme, Wellenbrecher, Uferbefestigungen, Gebäude mit Wellenbrecher-Funktion, Fluttore und Küstenbewaldung.[50]

Wellenbrecher sind Mauern, die vor Bucht- und Hafeneingängen im Wasser platziert werden und die Küste vor Schäden schützen sollen. In der Regel schützen sie vor starken Sturmwellen, können aber je nach Höhe und Dicke der Mauer auch Tsunamis standhalten beziehungsweise schwächen. Allerdings ist das Errichten und die Instandhaltung eines Tsunami-Wellenbrechers mit hohen Kosten verbunden, da sich die Mauer größtenteils unter Wasser befindet (siehe Abb. 11). „Allein das Fundament des Tsunami-Wellenbrechers am Eingang zum Hafen

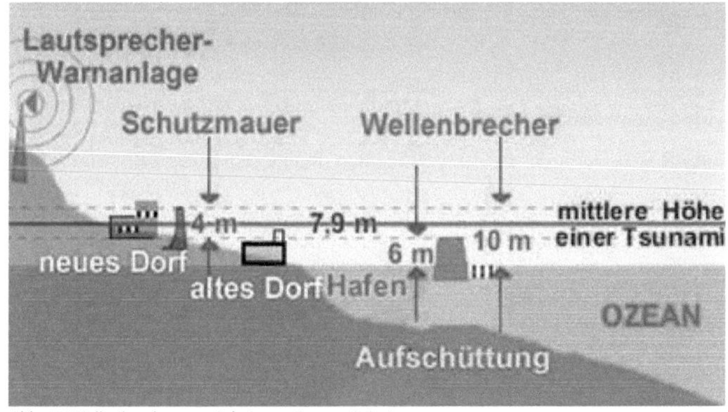

Abb. 11 Wellenbrecher zum Schutz vor Tsunamis in Japan.

---

[49] Nestler, R., Tsunamis im Mittelmeer, in: http://www.tagesspiegel.de/meinung/kolumne-was-wissen-schafft-tsunamis-im-mittelmeer/8405684.html
[50] Vgl. Koldau, Tsunamis, S.107f.

von Kamaishi, das in einer Wassertiefe von 63 Metern gelegt wurde, besteht aus 7 Millionen Kubikmetern Stein."[51]

Obendrein ist die Wirkung in keinster Weise garantiert. Falls die Höhe einer Tsunamiwelle aber größer ist als die der Mauer, wird der Wellenbrecher von den Wassermassen überschwemmt und die Schäden nur geringfügig abgeschwächt.

Mauern und Dämme können im Hafen und Inlandbereich die Überflutung reduzieren und die Stärke des Tsunamis durch eine Verteilung der Energie mindern. Ebenfalls werden Fluttore an Flussmündungen errichtet, um zu verhindern, dass sich das Flusswasser aufstaut und eine Überschwemmung bis weit ins Landinnere verursacht.[52]

Ebenfalls besitzen Küstenwälder wie die Mangroven in Südostasien eine natürliche Schutzwirkung. Sie können zwar nicht die Wassermassen eines Tsunamis aufhalten, aber den Aufprall auf die Küste deutlich verringern, so Ulrich Saint-Paul vom Bremer Leibniz-Zentrum für Marine Tropenökologie ZMT.[53] Ebenso bieten die Wälder einen rettenden Halt für die Menschen, die durch den Rückstrom ins Meer hinausgerissen werden. Allerdings sind die Wurzeln von Bäumen an der Küstennähe eher flach und werden besonders bei jungen Bäumen schnell herausgerissen. Diese verwandeln sich in einem Ernstfall zu gefährlichen Objekten im Wasser.[54] Andererseits werden die Mangrovenwälder bislang ohne Rücksicht auf die Tierwelt oder die Einheimischen abgeholzt und somit verfällt der natürliche Schutz des Waldes.[55] Nach dem Erkennen des Problems wurde ein „Asia Pro Eco Programm"

Abb. 12 Mangrovenwälder in Sri Lanka.

---

[51] Ebd.
[52] Vgl. Koldau, Tsunamis, S.109.
[53] Vgl. Kersting, C., „Tsunami-Bremsen" und Klimaretter, in: https://www.swr.de/swr2/wissen/mangroven-tropische-kuestenwaelder/-/id=661224/did=13358366/nid=661224/1n005iw/index.html Zugriff vom 31.10.2017
[54] Vgl. Koldau, Tsunamis, S.110.
[55] Vgl. Willke, T., Rettender Tsunami, in: http://www.wissenschaft.de/natur/biologie/-/journal_content/56/12054/1567616/Rettender-Tsunami/ Zugriff vom 31.10.2017

zur Renaturierung der verwüsteten Küstenlandschaft eingeführt. Dabei investiert die Europäische Union 7,1 Millionen Euro in den Küstenschutz auf Sri Lanka, um die Wälder wieder zu erweitern.[56]

Im Mittelmeerraum sind im Vergleich zu Südostasien schützende Wälder, Mangrovensümpfe oder Auwälder in Küstennähe eher die Seltenheit.

Neben den Wäldern als natürliche Barriere gegen Tsunamis zählen auch Evakuierungsrouten zu den baulichen Schutzmaßnahmen. Die Routen müssen für Urlauber und Einheimische eindeutig erkennbar sein, um in einem Notfall schnell entdeckt zu werden. In den meisten Fällen sehen die Schilder alle ähnlich aus, oft wird das mit einer symbolischen Welle auf blauem Hintergrund abgebildet (siehe Abb. 13). Zudem müssen auch öffentliche Schutzorte in einer gewissen Zeit erreichbar sein. Deswegen haben große Hotels in Küstennähe häufig Tsunami-Evakuierungsschilder aufgestellt und bieten einen sicheren Zufluchtsort für Strandbesucher.[57] Außerdem sollte man erhöhte Orte aufsuchen, um den Flutmassen zu entkommen.

Abb. 13 Tsunami-Evakuierungsschild zeigt Bevölkerung öffentliche Notfallroute an.

4.3 Alternative Maßnahmen

In der Region rund um den Vulkan Ätna (Italien) gibt es ein natürliches Frühwarnsystem, das eine Eruption und somit einen Tsunami um mehrere Stunden voraussagen kann. Dabei handelt es sich um eine ganz gewöhnliche Ziegenherde. Da Ziegen kluge Gewohnheitstiere sind, benutzt die Herde immer dieselbe Route zur Nahrungsaufnahme. Die Tiere wurden mit GPS-

---

[56] Vgl. Gross, O., Natürliches Schutzkleid der Küsten, in: http://www.handelsblatt.com/panorama/aus-aller-welt/mangroven-natuerliches-schutzkleid-der-kuesten/2845902.html Zugriff vom 31.10.2017

[57] Vgl. Bormann, Tsunami, in: http://bib.gfz-potsdam.de/pub/m/infoblatt_tsunami.pdf Zugriff vom 31.10.2017

Sendern gechipt und so ist es zu jeder Zeit möglich ein Live-Bild von der Position der Ziegen zu erhalten. Forscher haben herausgefunden, dass die Tiere ihre gewöhnliche Route ändern, wenn ein Ausbruch bevorsteht. Am 16. März 2013 änderten die Ziegen beispielsweise ihr gewohntes Bewegungsmuster und versteckten sich in einem kleinen Waldstück nahe dem Vulkan, um sich vor der Eruption zu schützen. Stunden später brach der Ätna tatsächlich aus. An was die Tiere die Eruption ausmachen, ist nicht eindeutig sicher, aber Forscher denken, dass die Ziegen das Gas riechen, welches aus der Vulkanöffnung strömt.[58] Das Vorhaben ist noch ein Pilotprojekt, soll aber in Zukunft die Menschen am Ätna vor einem Vulkanausbruch sowie einer Tsunamiwelle warnen.

Zu den alternativen Maßnahmen zählt auch die Katastrophenschulung und Aufklärung der Bevölkerung aller Altersschichten in allen bedrohten Gebieten. Durch geeignete Informationsveranstaltungen, Unterrichtsstunden und häufige Evakuierungsübungen sind die Einwohner eines Krisengebietes gut auf einen Notfall vorbereitet. „Zu den Aufgaben des deutsch-indonesischen Warnsystems gehört daher auch die Erstellung von sogenannten Tsunami Kits."[59] Das Kit umfasst Arbeitsmaterialien, die Behörden und lokalen Verwaltungen helfen sollen, die Bevölkerung auf den Ernstfall vorzubereiten. Es ist an die dortige Infrastruktur und die Warnungen, die von Region zu Region anders sind, angepasst und soll zu einer schnellen und einfachen Notlösung beitragen.[60]

Abb. 14 Aufklärung der Schüler an einer Grundschule, wie man sich am besten auf die Katastrophe vorbereitet

---

[58] Vgl. Schneider, F., Terra X, Ein Fall für Lesch und Steffens, Die Wellenbrecher, Deutschland 2017, TC:00:33:55-00:36:31
[59] Koldau, Tsunamis, S.111.
[60] Ebd.

5. Nachwort

Wie das Beispiel La Palma zeigt, kann der europäische Raum sowie der Atlantik und seine angrenzenden Staaten von den Auswirkungen einer Naturkatastrophe, die durch einen gewaltigen Hangrutsch am Cumbre Vieja ausgelöst werden könnte, nicht verschont bleiben. Die Folgen wären verheerend und nicht zu verhindern, und das Ausmaß der Zerstörung würde auf weite Teile Europas Einfluss nehmen. Das Horrorszenario kann sich schon morgen, erst in vielen hundert Jahren oder auch überhaupt nicht ereignen.

Die aktuelle Forschung mit neuesten Messtechniken kann zwar kurzzeitig die Katastrophe vorhersagen, aber die Menschen in den betroffenen Gebieten nicht ausreichend schützen. Es gibt vereinzelt Präventionstechniken um die Energie der Riesenwellen zu schwächen, aber bei einem solchen Ereignis wären selbst diese Möglichkeiten machtlos.

Nur durch Schulungen und gewissenhafte Aufklärung der Bevölkerung können die Opferzahlen nach solch einem Unglück möglichst geringgehalten werden.

Der Tsunami bleibt ein Monster, das wir auch in Zukunft nicht zähmen können und ist somit auch leider immer noch eine Bedrohung für fast alle Küstenregionen dieser Welt.

6. Anhang

<u>Interview mit Prof. Dr. Jörn Behrens, vom 26.09.2017 zum Thema „Tsunamis im europäischen Raum</u>

Münch: Welches Land/Region ist im europäischen Raum Ihrer Meinung nach am meisten gefährdet von einer Tsunamiwelle überrascht zu werden? Und gibt es hierfür möglicherweise schon erste Anzeichen?

Behrens: Das lässt sich nicht so einfach sagen. Im Prinzip gibt es viele Quellen für Tsunamis. Die Anrainer Staaten des Mittelmeers sind besonders gefährdet. Gerade vor ein paar Wochen, genauer am 21.7.2017, hat es einen (zum Glück kleinen) Tsunami in der Ägäis zwischen dem türkischen Bodrum und der griechischen Insel Kos gegeben. Dabei ist es in einzelnen Fällen zu einer Überflutung bis 150 Inland gekommen (das war in einem ausgetrockneten Flussbett).

Münch: Es gibt seit langem eine Diskussion, ob die Insel La Palma eine Gefahrenzone darstellt, dass ein kleiner Teil der Insel abrutschen könnte und somit ein „Riesentsunami" entstehen würde. Wie schätzen Sie die Situation rund um La Palma ein?

Behrens: In der Tat hat es in der Vergangenheit Hangrutschungen an den Flanken der Kanaren gegeben. Die Möglichkeit für solche Ereignisse besteht in einer vulkanisch aktiven Zone natürlich immer. Dabei ist nicht La Palma allein betroffen, sondern in den letzten etwa 1,5 Millionen Jahren hat es etwa ein dutzend Hangrutschungen an allen Kanaren-Inseln, vornehmlich El Hierro, gegeben. Diese Hangrutschungen sind so groß, dass sie Tsunamis auslösen können. Solche Tsunamis sind vor allem lokal, also an den Inseln selbst, potentiell sehr zerstörerisch. Ob ein solches Ereignis im Moment sehr wahrscheinlich ist, kann ich nicht sagen. In einer internen Studie des ASTARTE Projektes (http://www.astarte-project.eu), die ich gerade vorliegen habe, wird darauf auch kein Hinweis gegeben.

Münch: Im Internet kursiert eine Simulation dieser möglichen Katastrophe (Quelle: https://www.youtube.com/watch?v=Zb4T8a1K5tw Verfasser Steven N. Ward leider nicht erreichbar). Könnte diese Simulation der Wirklichkeit entsprechen oder hätten Sie für mich eine wissenschaftlich fundiertere Quelle?

Behrens: Diese Simulation erscheint tatsächlich etwas übertrieben. Die größten Hangrutschungen auf den Kanaren, die mir aus dem obigen Report vorliegen haben Größenordnungen von ca. 100 km3 , etwa ein fünftel des von Ward angenommenen Volumens. Darüber hinaus ist die „runup height" der maximale Wellenauflauf an Land, nicht die Wellenhöhe (siehe Abbildung).

Ward behauptet, dass die Ergebnisse mit dem Volumen skalieren (d.h. ein fünftel Volumen heißt ein fünftel Wellenauflauf), was ich persönlich bezweifle. Gern hätte ich Ihnen hier eine zuverlässigere Literatur-Angabe gemacht, aber ich finde die gerade nicht. Vielleicht recherchieren Sie selbst noch einmal.

Münch: Was wären Ihrer Meinung nach die schlimmsten globalen Auswirkungen einer solchen Monsterwelle und gäbe es eine Möglichkeit, diese noch abzuwenden um eine Katastrophe zu verhindern?

Behrens: Die meisten großen Tsunamis (auch den im Indischen Ozean 2004) lassen sich global messen. Allerdings sind die Wellenhöhen außerhalb des Indischen Ozeans eher gering gewesen, so dass dadurch wohl keine Schäden entstanden sind. So verhält es sich mit den meisten Tsunamis. Grundsätzlich verhindern lassen sich solche Naturereignisse nicht. Küstenregionen können sich aber auf solche Ereignisse vorbereiten, indem sie Evakuierungspläne vorbereiten und die Bevölkerung schulen.

Münch: Gibt es evtl. einen Zusammenhang zwischen der globalen Erderwärmung und der Erhöhung des Meeresspiegels oder ist sie sogar eine Ursache für diese Entwicklung?

Behrens: Dieser Frage ist in dem Report über die Hangrutschungen auf den Kanaren auch nachgegangen worden. Es gibt wohl einen schwachen statistischen Zusammenhang zwischen den Hangrutschungen und den Eiszeiten. Daraus kann man schließen, dass entsprechende klimatische Veränderungen eine Rolle spielen können. Allerdings ist nicht klar, welcher Einfluss es ist: Es könnte der veränderte Meeresspiegel (und damit Druckunterschiede auf dem Gestein) sein, es könnte ein Temperaturunterschied sein, es könnte auch sein, dass Verwitterung aufgrund der anderen Umgebung (Luft statt Wasser oder umgekehrt) eine Rolle spielt. All das ist nicht klar.

7. Abkürzungsverzeichnis

Abb.	Abbildung
Aufl.	Auflage
Ebd.	Ebenda
ggf.	gegebenfalls
GPS	Global-Positioning-System
Hg.	Herausgeber
ICG	Intergovernmental Coordination Group
IOC	Intergovernmental Oceanographic Commission
IOTWS	Indian Ocean Tsunami Warning and Mitigation System
Jg.	Jahrgang
NEAMTWS	Tsunami Early Warning and Mitigation System in the North-eastern Atlantic, the Mediterranean and connected seas
o.J	ohne Jahresangabe
o.O	ohne Ortsangabe
PTWC	Pacific-Tsunami-Warning-Center
TEWS	Tsunami-Early-Warning-System
UNESCO	United Nations Educational, Scientific and Cultural Organization
vgl.	vergleiche
z.B	zum Beispiel
ZMT	Zentrum für Marine Tropenökologie

8. Literaturverzeichnis

8.1 Bücher

Baptista, M. A., Tsunamis impacting on the European Coasts. Modelling, Observation and warning, Amsterdam 1997.

Bryant, E., Tsunami. The underrated Hazard, Berlin 2008.

Danders, M., Abgründe auf La Palma: Der Mega-Tsunami, o.O 2014.

Joseph, A., Tsunamis. Detection, Monitoring, and early-warning Technologies, Amsterdam 2011.

Koldau, L. M., Tsunamis, Entstehung, Geschichte, Prävention, München 2013.

Levin, B. W., Nosov, M., Physics of Tsunamis, o.O 2015.

Satake, K., Tsunamis in the World Ocean. Past, Present and future. Basel o.J.

Tiampo, K., Earthquakes. Simulations, Sources and tsunamis. Birkhäuser, Basel 2008.

8.2 Zeitschriften

Westermann (Hg.), Küsten – Wirtschaften zwischen Land und Meer, in: Praxis Geographie 3 (2010).

8.3 Internet

A3m Mobile Personal Protection GmbH (Hg.), Vorkommen von Tsunamis im Mittelmeer, in: http://www.tsunami-alarm-system.com/phaenomen-tsunami/vorkommen-mittelmeer.html Zugriff vom 20.10.2017

Bohrmann, G., Tsunamis durch Gashydratabbau?, in: http://www.weltderphysik.de/gebiet/technik/energie/energiequellen/fossile-quellen/methanhydrate/tsunamis-durch-gashydratabbau, Zugriff vom 5.10.2017

Bormann, Tsunami, in: http://bib.gfz-potsdam.de/pub/m/infoblatt_tsunami.pdf Zugriff vom 31.10.2017

Bojanowski, A., "Kein Ort am Mittelmeer ist sicher", in: http://www.sueddeutsche.de/wissen/tsunami-gefahr-kein-ort-am-mittelmeer-ist-sicher-1.202074 Zugriff vom 20.04.2017

Dambeck, H., Tsunamis lauern überall, in: http://www.spiegel.de/wissenschaft/natur/monsterwellen-tsunamis-lauern-ueberall-a-334633.html Zugriff vom 2.11.2017

DDP (Hg.), Helfer verzweifeln am morastigen Gebäude, in: http://www.rp-online.de/panorama/deutschland/helfer-verzweifeln-am-morastigen-gelaende-aid-1.477888 Zugriff vom 25.06.2017

Gross, O., Natürliches Schutzkleid der Küsten, in: http://www.handelsblatt.com/panorama/aus-aller-welt/mangroven-natuerliches-schutzkleid-der-kuesten/2845902.html Zugriff vom 31.10.2017

Haberl, S., Tsunami-Überlebende erzählen, in: http://diepresse.com/home/ausland/welt/4624852/TsunamiUeberlebende-erzaehlen_Natuerlich-konnten-wir-nicht Zugriff vom 4.11.2017

Henkel, I., „Tsunami vor den Toren Europas", in: http://www.focus.de/wissen/natur/forschung-und-technik-tsunami-vor-den-toren-europas_aid_211489.html Zugriff vom 3.11.2017

Horch, V., La Palma allgemeine Infos, in: http://www.la-palma24.net/la-palma-info/de/informationen/info_allgemein Zugriff vom 2.11.2017

Hüttermann, S., Auf Tsunamijagd im Mittelmeer, in: http://www.spektrum.de/news/auf-tsunamijagd-im-mittelmeer/1058033 Zugriff vom 23.06.2017

Janke, E., La Palma – Geografie, in: https://www.lapalma.de/geografie Zugriff vom 2.11.2017

Janke, E., La Palma – La Isla Bonita, in: https://www.lapalma.de/ueber-la-palma Zugriff vom 2.11.2017

Kersting, C., „Tsunami-Bremsen" und Klimaretter, in: https://www.swr.de/swr2/wissen/mangroven-tropische-kuestenwaelder/-/id=661224/did=13358366/nid=661224/1n005iw/index.html Zugriff vom 31.10.2017

Kirchhoff, F., Droht ein La Palma Tsunami?, in: http://www.la-palma-zentrale.de/informationen/la-palma-mega-tsunami.php Zugriff vom 3.11.2017

Kroger, H., Mega-Tsunamis bedrohen Amerika, in: https://www.welt.de/print-welt/article379708/Mega-Tsunamis-bedrohen-Amerika.html Zugriff vom 2.11.2017

Möller, L., Ein Tsunami-Frühwarnsystem für den Indischen Ozean, Ein gemeinsames Projekt von Deutschland und Indonesien, in: https://www.unesco.de/wissenschaft/bis-2009/uho-0306-iotws.html Zugriff vom 29.10.2017

National Ocean Service (Hg.), What is a tsunami?, in: http://oceanservice.noaa.gov/facts/tsunami.html Zugriff vom 23.06.2017

National Centers for Environmental Information (Hg.), Tsunamis, in: https://www.ngdc.noaa.gov/nndc/struts/rsults?op_0=l&v_0=G31&t=102759&s=15&d=10,15,11 Zugriff vom 20.04.2017

Nestler, R., Tsunamis im Mittelmeer, in: http://www.tagesspiegel.de/meinung/kolumne-was-wissen-schafft-tsunamis-im-mittelmeer/8405684.html

Prof. Dr. Bormann, P., Infoblatt, Tsunami, in: http://bib.gfz-potsdam.de/pub/m/infoblatt_tsunami.pdf Zugriff vom 28.10.2017

Ries, G., Hier geht es heiß her –Pyroklastische Ströme, in: https://scilogs.spektrum.de/mente-et-malleo/hier-geht-es-hei-her-pyroklastische-str-me/ Zugriff vom 20.10.2017

Samuel, R., Formation of Tsunami (3D Simulation), in: https://www.youtube.com/watch?v=SlwZzbGh7Cw Zugriff vom 25.06.2017

Sävert, T., Tsunamis – gefährliche Wellen an den Küsten, in: http://www.naturgewalten.de/tsunami.htm Zugriff vom 23.06.2017

Strusińska–Correia, A., Tsunami – eine beherrschbare Gefahr?, in: https://www.wissenschaftsjahr.de/2016-17/aktuelles/das-sagen-die-experten/tsunami-eine-beherrschbare-gefahr.html Zugriff vom 29.10.2017

Szeglat, M., Kakatau – Chronik der Katastrophe von 1883, in: http://www.vulkane.net/vulkane/krakatau/krakatau-1883-katastrophe.html Zugriff vom 20.10.2017

Szeglat, M., Tsunamis: Flutkatastrophen durch Erdbeben, in: http://www.vulkane.net/earthview/tsunamis.html Zugriff vom 2.11.2017

Virtuasoft Corp.(Hg.), Mega Tsunami: Wave of Destruction, in: http://www.sms-tsunami-warning.com/pages/mega-tsunami-wave-of-destruction#.Wf711NfiaUl Zugriff vom 3.11.2017

Walter, P., Was ist ein Tsunami? Entstehung, Verbreitung, Wirkung und mögliche Gegenmaßnahmen, in: http://www.esys.org/rev_info/tsunami.html Zugriff vom 25.06.2017

Ward, S. N., Day, S., Cumbre Vieja Volcano – Potential collapse and tsunami at La Palma, Canary Island, in: http://onlinelibrary.wiley.com/doi/10.1029/2001GL013110/epdf Zugriff vom 3.11.2017

Willke, T., Rettender Tsunami, in: http://www.wissenschaft.de/natur/biologie/-/journal_content/56/12054/1567616/Rettender-Tsunami/ Zugriff vom 31.10.2017

Willke, T./Thorwald, E., Tsunami-Gefahr auch für Europa, in: http://www.wissenschaft.de/ar-chiv/-/journal_content/56/12054/1673546/Tsunami-Gefahr-auch-f%C3%BCr-Europa/ Zugriff vom 20.04.2017

9. Bildquellen

Abb. 1: http://bib.gfz-potsdam.de/pub/m/infoblatt_tsunami.pdf

Abb. 2: http://www.zamg.ac.at/cms/de/images/geophysik/erdbeben/modell-einer-subduktions-zone/image_view_fullscreen

Abb. 3: https://www.tes.com/lessons/VwyU39OWKCAzSw/tsunamis

Abb. 4: https://watchers.news/data/uploads/2011/10/Tsunami_impact.jpg

Abb. 5: http://bib.gfz-potsdam.de/pub/m/infoblatt_tsunami.pdf

Abb. 6: https://www.hallokanarischeinseln.com/sites/default/files/la_palma.jpg

Abb. 7: http://canarycompany.com/wp-content/uploads/2015/02/La-Palma.jpg

Abb. 8: https://www.zdf.de/assets/wellenbrecher-grafik-hangrusch-100~1920x1080?cb=1502282096289

Abb. 9: http://www.la-palma-zentrale.de/images/la_palma_erdrutsch.jpg

Abb. 10: http://www.tagesspiegel.de/images/wiss_tsunami_warnsystem/11159686/2-for-mat43.jpg

Abb. 11: https://www.zdf.de/assets/wellenbrecher-grafik-hangrusch-100~1920x1080?cb=1502282096289

Abb. 12: https://www.swr.de/-/id=13359814/property=gallery/pubVersion=3/f7ytc/Mangro-ven.jpg

Abb. 13: https://mylittleriojournal.files.wordpress.com/2014/10/2010-10-18-21-43-22.jpg

Abb. 14: https://www.welthungerhilfe.de/fileadmin/_migrated/pics/Sri-Lanka_10JahreTs-unami_Aufklaerung-Schule_Brockmann_658.jpg